トトロの生まれたところ

宮崎 駿 監修　スタジオジブリ 編

岩波書店

左・右ともに、トトロのイメージボード。バス停でお父さんを待っている女の子がトトロと出会うシーン。やがてネコバスや不思議な生きものたちが現れる。1975年という日付が入っていることから、構想の一番初期の段階に描かれたものだとわかる。

はじめに

　30年経って、ああ、そういうことだったのかとわかる話がある。去年(2017年)のことだ。梅雨の合間を縫って、

　「トトロの生まれた場所を案内したい」

　と宮さん(宮崎駿)が言い出した。話は何度も聞いていた。宮さんが、日曜日ごとにゴミ拾いに出掛ける淵の森。そして、かみの山は素晴らしい、と。話を詳しく聞くと、このままだとこのかみの山の開発が始まる。それを何とか食い止めたい。

　話しているうちに、それだけじゃ物足りなくなって、ぼくを案内すると言い出したのだ。

　百聞は一見にしかず。

　宮さんという人は、元を正すと、東京のど真ん中で生まれ育ったいわゆる"街っ子"だ。それが結婚を機に、所沢に居を定める。いまから50年くらい前の話だ。そして、家の近くを散策するうちに思いついたのがあの『となりのトトロ』だった。それが証拠に、最初のタイトルは『所沢にいるとなりのおばけ』で、それが縮んで『となりのトトロ』になった。

　新秋津の駅で待ち合わせ、まずかみの山を歩く。西武線に沿って真横に歩く。線路と道の真ん中を雑木林が遮る。気がつくと自分の居場所がわからなくなった。同行した所沢市在住のKさんが自慢する。

　「土地の人は、この道を軽井沢だと言っています」

　大袈裟じゃない。もしかしたら、それ以上だ。

　道の突き当たりを曲がると淵の森だ。宮さんから、耳タコで聞かされていた地名なので親近感が湧く。そして、八国山へ。映画のなかでは、七国山と紹介されている。

　松が丘を登ると、八国山へ出る。ぼくは、そこで不思議な感覚に襲われた。緑の美しさに現実感を喪う。そこは、まるで"神さまの住処"のような一隅だった。そして、ふと思った。

　かみの山、淵の森、八国山は、宮さんの身体の一部になっている。それを喪うということは、宮さんにとっては文字通り、身を切られる出来事なのだ。散歩の途中で、宮さんが洩らした。

　「所沢に住んでいなければ、『トトロ』は生まれなかった」

　ぼくは、宮さんに対して、はじめて畏敬の念を抱いた。歩いて、観察して、感じたであろうその感受性に対して。

スタジオジブリ　　鈴木 敏夫

もくじ

構成　宮崎 敬介
デザイン　小松 季弘(博報堂DYメディアパートナーズ)
プリンティングディレクション　佐野 正幸(図書印刷)
協力　所沢市、広瀬 欣也(ヒロセ・スタジオ)
藪田 順二

かみの山

ここは、所沢の玄関口
開発されずに唯一残された、手つかずの自然がありました。

撮影 伊井 龍生、宮崎 敬介

西武池袋線の秋津駅から所沢駅の間の風景。

ベッドタウンの街なみに、ふっと現れる森があります。

開発が進むなか、唯一残された貴重な自然の雑木林は、

この土地で生活する人たちをやさしく見守る、ふるさとのシンボルです。

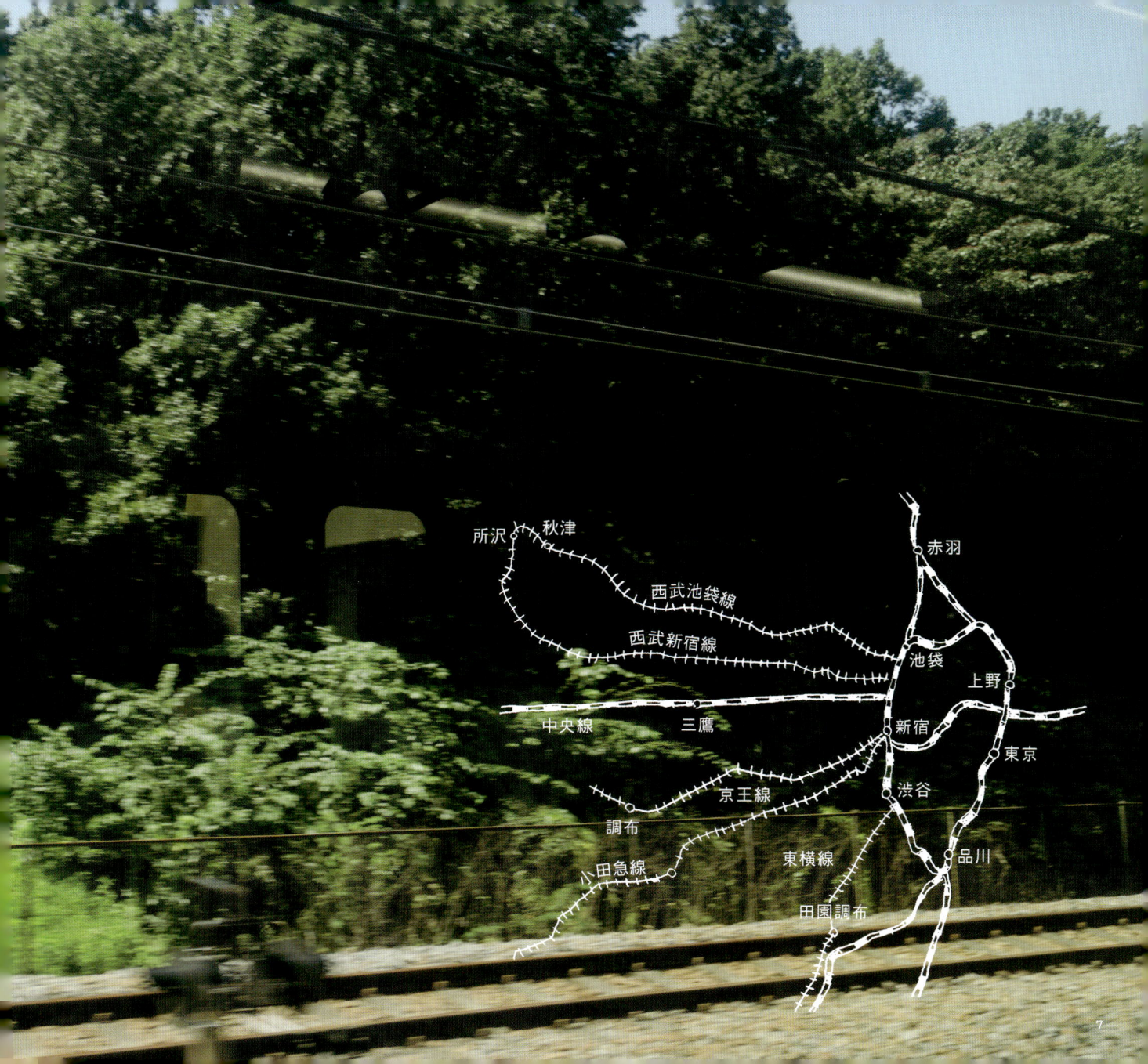

所沢　秋津
西武池袋線
西武新宿線
中央線　三鷹
京王線
調布
小田急線
東横線
田園調布
赤羽
池袋
上野
新宿
東京
渋谷
品川

暮らしのなかに溶け込む
かみの山

　西武池袋線の線路沿いに位置するかみの山は、昔は薪や堆肥づくりなどをするための雑木林として、地域の人たちの生活に必要な場でした。現在は、生活様式の変化からこのような使われ方はしなくなりましたが、地域の人たちにとっては暮らしのすぐそばにある、ふるさとのシンボルのような場所です。

　かみの山の入り口は、一見するとよくある舗装された細い道にあるのですが、なかに足を踏み入れると、もうそこは別世界。

　コナラやクヌギが高くそびえ、木漏れ日が揺れる緑のトンネルを進むうちに、街の生活音や車の騒音と切り離され、ここがどこなのかわからなくなるような不思議な感覚に包まれます。日常を忘れリフレッシュできる散歩道として、地域の人たちに親しまれているのも納得です。

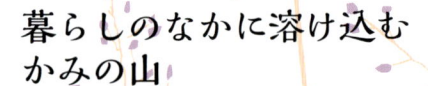

茶畑の向こうに見えるかみの山。この景色は、ここで生活する人たちにとって当たり前にある大切な日常なのである。近年このあたりは開発が進んでいるが、市や地域でかみの山の保全に取り組んでいる。

都心から所沢駅へ向かう車窓からかみの山の緑を見ると、「帰ってきた」とほっとする人たちも多いそう。上安松に近い崖には、1300〜1400年前の古墳時代に作られた横穴古墳があり、太平洋戦争のときには、兵士が軍服やガソリンなどの軍の備品を隠していたという話も伝えられている。

ふるさとスケッチ日記

絵・文 宮崎朱美

所沢の美しい自然を描き続けている宮崎朱美さん
四季折々の野草や木々が 生き生きと描かれたスケッチ画は
その土地に住む人ならではの やさしい目線から生まれました

春

生きものたちが
目を覚ます 春の雑木林

金仙寺から比良の丘へと続く斜面は、サクラ、ハナ
モモ、レンギョウなどの花が一度に咲いて素晴らし
い春の開幕です。
道端のツクシを摘んで、夕食のためのお土産にする
のも楽しみのひとつです。（2017.3.31）

ヒメカンスゲ

冬の間、多くの草たちは姿を消してい
ますが、ヒメカンスゲは寒さにたえて
春を待っていました。

イチリンソウ

砂川の小さな流れに沿った河畔林（かはんりん）。「咲いているかしら？」とバスを降りてからドキドキしながら歩き、たどり着いたら、パーッと一面が明るくなるほどイチリンソウが咲いていました。木の切り株に腰掛けて夢中で描いていたら、お尻が痛くなってしまいました…。（2015.4.17）

カタクリ

ムラサキケマン

ノジスミレ

この林は元は笹や常緑樹がいっぱいの荒れた
ところでしたが、「トトロのふるさと基金」のボラ
ンティアの人たちの数年にわたる手入れのお
かげで、明るい雑木林となり、年々カタクリの花
数も増えてきました。スケッチをしていたら、キ
ジの鳴き声が聞こえてきてびっくり！（2015.3.24）

コナラの新芽

坂道を足元を見ながら歩いてい
たら、上のほうに何やら光るも
のが…。見上げた瞬間「何の花？」
と思ったら、コナラの新芽でし
た。芽の表面にある産毛のよう
な細かい毛が、光を受けて白く
輝いていました。

ヤマザクラ

「さいたま緑の森博物館」で枝お
ろしした枝をバケツに入れて、
「ご自由にどうぞ」と書いてあった
のでもらってきたヤマザクラで
す。1週間ほどしてから花が咲
きました。

所沢では、あちこちに茶畑があり狭山茶として作られています。ここは三ヶ島の「クロスケの家」の裏にある茶畑です。（2015.4.28）

新茶

大切に育てられた茶は5月初めの八十八夜の前後に手で摘まれます。手摘みは、腰に籠を付けた人たちが上から3枚の葉を摘みます。狭山茶産地では、一芯二葉を摘むので三葉摘み（みっぱつみ）と言うそうです。

ヤマツツジ

ヤマツツジの花をはじめて見たのは、八国山の雑木林のなか。
なんてきれいな花だろうと思いました。
その頃の八国山は、全体が雑木林で覆われていて、南側の木立
の向こうに病院の屋根が見え、北側は麓に田んぼや畑が広が
り、小川が流れていてドジョウやザリガニ捕りの子どもたち
には天国のようなところでした。

エゴノキ

エゴノキの花に気がつくのは、いつで
も落ちた花で地面が白くなっているの
を見つけてからです。上を見上げると枝
いっぱいに白い花が下がっています。

春を呼ぶ林床の花たち

早春の短い期間にだけ花を咲かす野草や
木々が新緑に変わる頃に咲く小さな野草など
林床の花はうつりかわります

ニリンソウ

アズマイチゲ

ササバギンラン

ハナイバナ

ヤブタビラコ

ヒロハノアマナ

ミツバツチグリ

サイハイラン

クチナシグサ

キランソウ

シュンラン

夏

太陽と緑のきらめき
夏の元気な野草たち

初夏の林はあらゆる緑色に溢れてキラキラと輝いています。鳥の声もたくさん聞こえてきますが、私にわかるのはカラスとシジュウカラぐらいで残念…。（2015.6.2）

ヤブコウジ

ヤブコウジは小さな木で秋に実が赤くなると目につくのですが、夏に咲く小さな花は見たことがありませんでした。ちょうど斜面にあったので横から見て描くことができましたが、足元がすべってしまって困りました。

ヤブコウジの実

夏草の草いきれのなかでこの花を見つけると、「夏だ ———— ッ」と思います。菩提樹（ボダイギ）田んぼの畦（あぜ）で、ノカンゾウがお陽さまに照らされていました。（2016.6.27）

ヒメザゼンソウの葉

ヒメザゼンソウ

うす暗い林の下に咲くヒメザゼンソウは、
3月に出した葉が大きくなって消えてから、
6月下旬頃にザゼンソウのミニチュア版
のような花を咲かせます。目を凝らして探
さないと出会えない、小さな地味な花です。

ウマノスズクサ

ずっと憧れていた草でした。生えているところを教えてもらって朝の涼しいうちに描きたいと出かけたのですが、8月の太陽は厳しく、描きはじめたらどっと汗が出てきました。花の形が面白くて見とれていたらあちこちに、噂に聞いていたジャコウアゲハの幼虫がいました。

チゴザサ　　　　　　　　　　　　イ

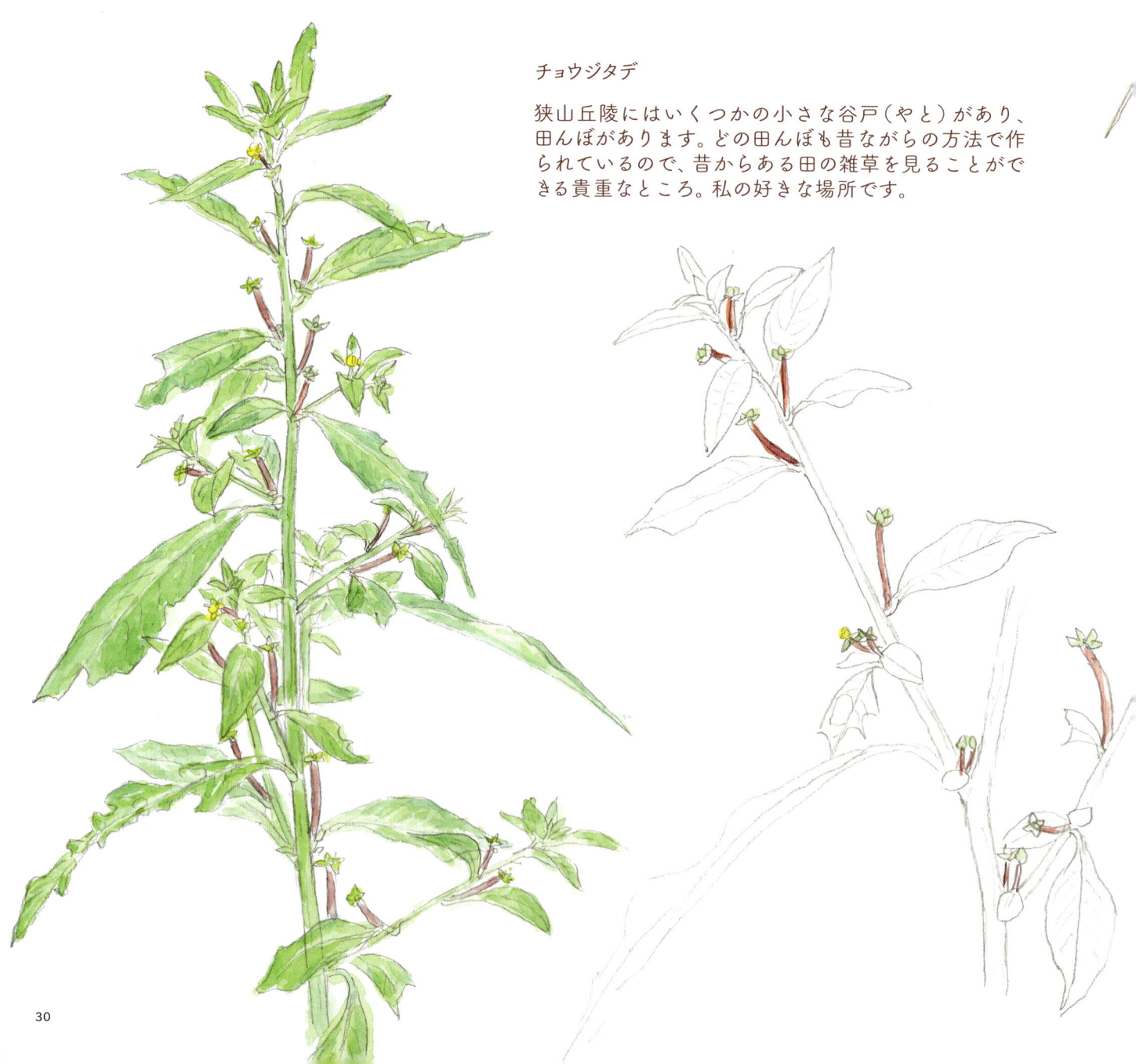

チョウジタデ

狭山丘陵にはいくつかの小さな谷戸（やと）があり、田んぼがあります。どの田んぼも昔ながらの方法で作られているので、昔からある田の雑草を見ることができる貴重なところ。私の好きな場所です。

タマガヤツリ

カヤツリグサの仲間はいろいろ
面白い形があって好きですが、
名前を覚えるのが大変！

秋

深まる秋とともに
赤や黄に色づく雑木林

菩提樹田んぼは稲刈りが半分済ん
だところで、まだ刈られていない稲が
頭を垂れていました。
土手にはミゾソバ、ヒメジソ、ツユクサ
など。そしてアキノノゲシがすっと高く
伸びてたくさんの薄黄色の花をつけ
青空の下で輝いていました。
（2017.9.29）

コウヤボウキ

コウヤボウキは、
ふつうは林のなか
にポツポツと咲い
ているのを見るの
で、この群生を見た
ときはもうびっくり！
まるでコウヤボウ
キの花束でした。

ユウガギク

チカラシバ

メリケンカルガヤ

ネズミガヤ

キンエノコロ

林のなかから出て、パッと明るい狭山湖畔でひと休みしたら、目の前の草たちがあまりにもきれいなので描きました。
ここのユウガギクは一度刈られたものが伸びて花をつけたらしく、ちょっと変な姿でした。（2015.10.14）

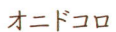

オニドコロ

あちこちのフェンスにからまっているのを
見かけます。所沢の「ところ」はこの草に
関係があるとか聞いたことがあります。

イボタノキ

リンドウ

ムラサキシキブ

ミゾソバ

ホンタデ

ノハラアザミ

シオデ

ヒヨドリジョウゴ

オトコヨウゾメ

アキノウナギツカミ

ウメモドキ

ガマズミ

39

オヤマボクチ（左）、シラヤマギク（右）

秋の雑木林のなかは、クモの巣が
いっぱいです。拾った小枝を振り
回しながら歩かないと、ひどい目
にあいます。そしてヤブ蚊の大群
にも襲われます。
そんななか、オヤマボクチとシラヤ
マギクに出会いました。

エビヅル

エビヅルに実がなっている
のをはじめて見ました。
もっとたくさんなっていた
ら食べてみたかったです。
きっと鳥たちのごちそうで
しょう。

足元に見つけた小さな秋

秋雨の頃 朽ち木や落ち葉 地面に
さまざまな種類のキノコを見つけました
林の散策が いっそう楽しくなる季節です

キノコは1年中あるのですが、やっぱり秋に見るキノコは季節を感じられて好きです。種類が多くて名前はさっぱりわかりませんが、毎日少しずつ形が変わるので昨日と今日とでは違う姿が見られて、面白いのです。

冬

**暮れゆく季節
やがて落ち葉で覆われる林床**

木の葉は秋に紅葉してすぐに
落ちるものもありますが、ケ
ヤキ、コナラ、クヌギなどは
色づいてからすぐに散るわけ
ではなく、冬の光を受けて金
色に輝いている時間がかなり
あります。とてもきれいです。
（2015.12.16）

クヌギ

コナラ

落ち葉

ドングリは木の下に落ちますが、小さなケヤキの実は枝先に付いたまま葉っぱといっしょに風に吹き飛ばされて散っていくそうです。

エノキ

ケヤキ

コナラの切り株

このコナラの木は、新しく枝を出させるために切られました。木の若返りのための管理の方法で、昔から行われていたそうです。来年が楽しみ～。

アオハダ

木々が葉を落として林のなか
が広く感じられる頃、最後まで
枝に葉を残して黄金色に輝い
ているアオハダ。本当にすごい！
きれい！

近くの小学校の先生だったOさんが、子ども
たちと雑木林について学習していた広場。子
どもたちが1年間通い、最後に林に『ありがと
う』という歌をうたっていた広場。
想い出しても胸がいっぱいになります。寒さに
ふるえながら描きました。（2016.11.30）

イヌザクラ

コマユミ

エノキ

コブシ

冬芽

雪がやんだ朝、林を歩きに行って雪の上に落ちていた枝を拾いました。
もう春の準備ができていて、イヌザクラの紅い冬芽がチャーミングでした。

アズマネザサ

手入れのされていない雑木林はたいていアズマネザサに埋めつくされて、地面に光が届かず春の草花たちが成長できなくなってしまいます。そのため、アズマネザサは雑木林から刈り取られてしまいます。

ハコベ

春の七草のひとつです。どこででも見ることができるのに、食べられると思って見ることはあまりないでしょうね。

セリ

こちらも春の七草。湿ったところに生えるので水の流れているそばか、田んぼのそばに行かないと見られません。

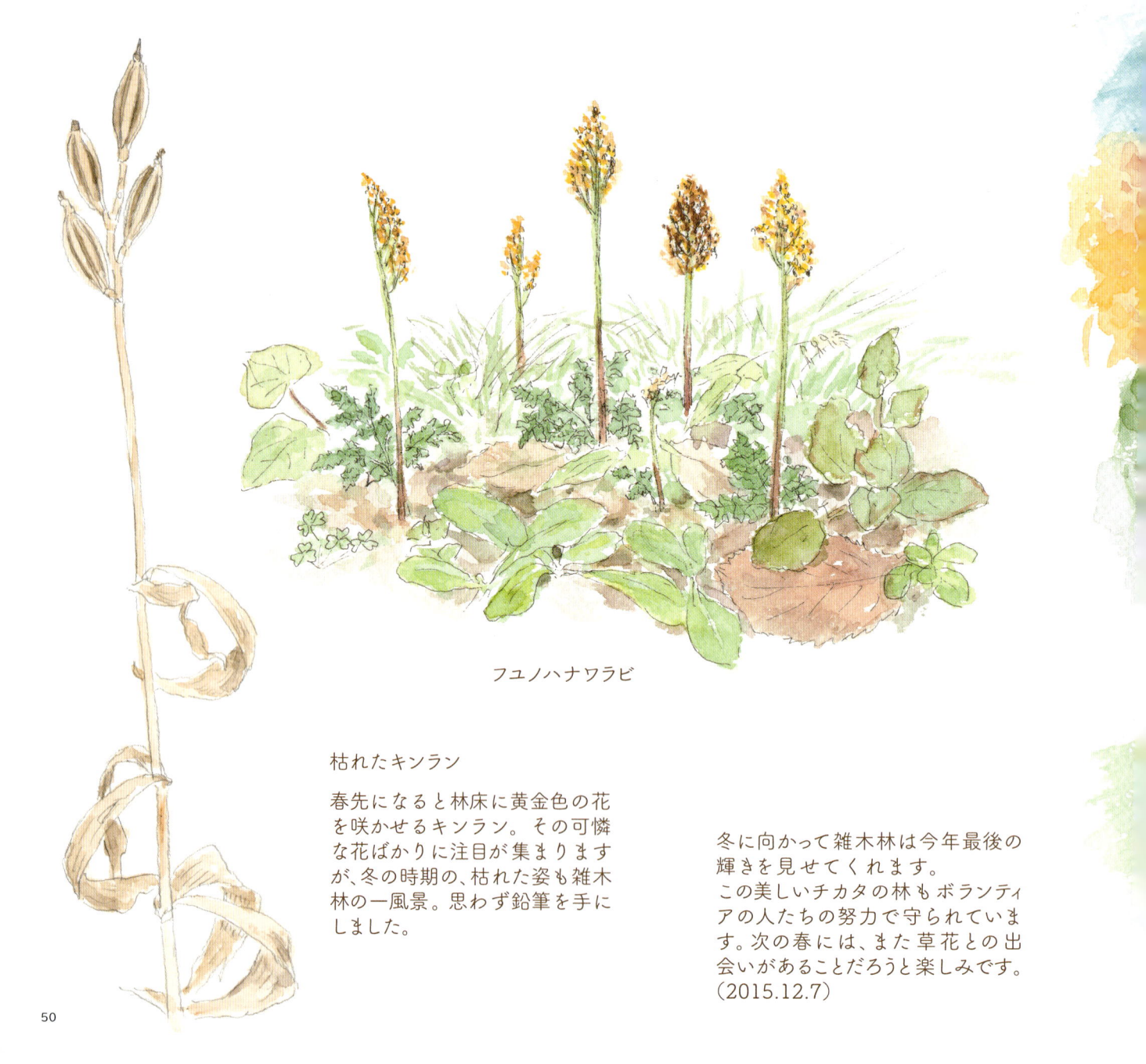

フユノハナワラビ

枯れたキンラン

春先になると林床に黄金色の花を咲かせるキンラン。その可憐な花ばかりに注目が集まりますが、冬の時期の、枯れた姿も雑木林の一風景。思わず鉛筆を手にしました。

冬に向かって雑木林は今年最後の輝きを見せてくれます。
この美しいチカタの林もボランティアの人たちの努力で守られています。次の春には、また草花との出会いがあることだろうと楽しみです。
（2015.12.7）

八国山

トトロの面影を追って
スタジオジブリプロデューサー
鈴木敏夫が歩く八国山。

案内人 鈴木 敏夫　撮影 伊井龍生

なだらかに広がる狭山丘陵の東端にある八国山。
大きなコナラやクヌギなどからなる雑木林は、トトロが住む森の風景を連想させます。
尾根道から枝道に入ると、風が通り抜ける静かな広場や池などもあり、
山のさまざまな表情に出会えるのも魅力のひとつです。
江戸時代の地形や道筋なども残され、当時の姿を今に伝えています。

この土地を何度も歩いてきた宮さんが案内してくれたのは まるで"神さまの住処"のような場所だった

宮さんが案内してくれた「トトロの生まれたところ」のなかでも、八国山は格別の場所だった。

八国山は狭山丘陵の東端に位置し、北は所沢に接する東西に細長い緑地だ。四方八方、入り口はいろいろあるらしいが、宮さんは迷うことなく松が丘へ案内する。丘陵を車で登る。道の両側に住宅が建ち並ぶ。見るからに高級住宅地だ。登り詰めたところで駐車する。とはいえ、駐車場はない。

車から降りて雑木林を少しだけ突き進むと、風景が開けた。木が伐採され、切り株が多くある場所なので、その一帯を見渡せる。通常、木は伐採すれば死んで腐ると思っていたが、ここの切り株は皮がはげ落ちるどころか、盛り上がって切り口を塞ごうとしている。後日、宮さんの奥さん、朱美さん（宮崎朱美）が教えてくれた。

「こうすることで、森が死なない」

宮さんが右の尾根道に誘う。すぐにクヌギやコナラの雑木林が全体を覆い、空が見えなくなる。そして、野鳥の声が聞こえてきた。そのまま宮さんのあとについて行くと、幾本もの枝道があるが、宮さんはためらうことなく道を選んで歩き続ける。想像が巡った。宮さんが、ひとり黙々と歩く姿が。林を抜けると、今度は眼下に風景が広がった。大きな広場だった。その広場を見おろすや、ぼくは驚愕した。ここは、いったい、何処なのか。

鳥のさえずりはともかくとして、音が無い。平日だったせいか、人もいない。まるで"神さまの住処"だと書いたのはそのせいだ。宮さんが案内してくれたのは梅雨の合間だった。

9月を過ぎて、ぼくは八国山を二度訪ねる。それもこれも、この場所を自分の記憶に刻みたかったことが、その理由だ。三度目。東京は朝から曇り空。こんな天気で大丈夫かと心配だったが、「行こう！」と決断した。八国山へ到着してすぐに"神さまの住処"を目指した。そして、再び、驚愕する。ありえない。曇なのに広場の緑が美しい。しかも、緑がやわらかい。人の目にもやさしい。

三度、八国山を訪ねたうちで緑が一番きれいだった。翌朝、宮さんに報告すると、彼が教えてくれた。

「晴れの日は、太陽の光でコントラストが激しい。曇のほうがいろんな緑に出会えてきれいなんだよ」

同じ場所を何度も歩き馴れた宮さんならではの解説だった。

雑木林にある木々は、何もクヌギやコナラだけではない。本当にきれいなのに、ぼくが名前を知らない木々がそれこそ山のようにある。雑草を含めればその数は計り知れない。朱美さんは、その名前をほとんど知っている。

今からでも遅くない。ぼくにしても、少しは木々と草の名前を勉強したい。

この尾根道から散歩スタート

大きくなった木を伐採し、切り株から出る新しい芽を育てている（萌芽更新）。雑木林の維持には人の手入れが欠かせないのだと実感する。

松が丘から尾根道に入るとすぐにある将軍塚。新田義貞が鎌倉攻めの際、陣を置いたと言われている。このあたりは萌芽更新によって若返った木々が多く見られた。

やわらかい光のなかで、林の緑が何とも幻想的だ

尾根道から外れて枝道を下っていくと、大きな木々の向こうにひときわ輝く空間が広がっている。

土が流れて根っこがむき出しになっているんだなぁ

ここが、神さまの住処だ

うっそうと生い茂る緑に囲まれ、ものすごい生命力に圧倒される一方、時が止まったかのような静寂に包まれる。

とにかく緑が目にやさしいのだ

前日の台風による暴風で、地面にドングリがたくさん落ちている。緑色のドングリが見られるのは珍しい。

トトロの落とし物みたいだなぁ

広場のすぐ横にある新山手病院は、サツキとメイのお母さんが入院していた病院のモデルになった。もとは昭和14年に開設された結核療養所だったそうだ。

八国山の清爽な空気や環境が療養に良かったのだろう

※写真の建物は病院併設の介護老人保健施設保生の森です。

所沢の風景のなかで生まれたトトロの世界

宮崎 駿

1960年代後半、家族で所沢に引っ越してきた宮崎監督。
この土地を歩くなかで描かれたイメージボードには、
生まれたてのトトロの世界が瑞々しく表現されています。
イメージの源になった所沢の地について、今の想いを語りました。

武蔵野の農村風景がぶっ壊れていく最中、ぶっ壊すように自分も入っていった

—『となりのトトロ』の舞台になったという所沢ですが、監督がはじめて所沢に来たとき、どんな印象を持たれたのでしょうか。

宮崎　正確に言うと、所沢の地を見ただけで映画を作ったわけではないんです。自分が1950年頃から住んでいた杉並にはずいぶん田舎の風景があって、疎開先の宇都宮から来たときは「なんて田舎なんだろう」と驚いたくらい。東京というのはビルが建ち並んでいるところだと勝手に想像していたのですが、意外とまだ茅葺き屋根があったりしてね。東京とはいえ、そういうところで育ったから、緑のある風景というものを特に尊い風景とは思っていなくて、当たり前のものだと思っていました。

　所沢に住みはじめたときは、共稼ぎでまだ家も買えない状態で、初めは借家に住んでいました。ただやっぱりなかなかいい借家がなくて、ついには建てるかという話になったんです。最初に土地を探したのは練馬の大泉学園。職場だった東映動画がそこにあったので。ところが、その近辺は買えないんです。

—土地が高かったのですか？

宮崎　ええ。だからどんどん西へ行くんです（笑）。職場で所帯を持った連中がどんどん西に行っているから、そのさらに西に行かなきゃいけない。清瀬という、東京都で最初に結核療養所ができたところを気に入ったのですが、高くてダメ。そこで近くに急行の停まらない秋津というところがある

というので、そこに行ったんです。今の場所に行き着いたのは、たまたま紹介してくれる人がいたからで、経済的事情です（笑）。

　そしてそこにあった風景は、自分にとって特に珍しい風景ではなかったのです。いい加減な開発をやって、畑が放置されたり、道もないのに家が建つという、メチャメチャな乱開発をやっている最中。川はもうドブ川になっていました。

　50年ぐらい前の話です。武蔵野の農村風景がぶっ壊れていく最中に、ぶっ壊すように自分も入っていったんです（笑）。

— 開発の真っ只中だったのですね。

宮崎　ええ。それで周りを歩き回っても特に感動するものなんてない。柳瀬川は汚いし。道もドロドロで、自分たちで砂利を入れなきゃいけない。入れてもすぐまたドロドロになるという…。だからそこを好きになるなんていうこともなく、ただ貧乏だからしょうがない。しょうがないからそこに住むという感じでした。

—あまりいい印象ではなかったのでしょうか。

宮崎　地の果てまで流れてきたという感じがしましたよ（笑）。そしたらもっと果てがあって、その後に結婚した友人たちはもっと西へ動いていくんですね。そういう時期の話なんです。

植物の群れ、虫たち、子ども時代に遊んだ川。そういう日本の風景を映画にしたいと思った

—自然や植物に目を向けるきっかけになったのは何でしょう？

宮崎　山の牧場を舞台にした『アルプスの少女ハイジ』という作品を作っているときに、画面構成をするうえで、そこに生えている植物や牧草地を描くために現地へ視察に行ったんです。そこで「日本の緑のほうがいいな」ということを実感して帰ってきました（笑）。確かに緑はいっぱいある。山場の牧場や、大きな木や、向こうに山があったりするけど、ぼくは日本の風景のほうがはるかに豊かだと思ったんです。植物の種類が圧倒的に多い。いっぱい虫もいる。

その頃からです。前から日本を舞台にした映画を作らなきゃいけないというのは頭のどこかにあったけど、実際に何が好きなのかと言ったら、植物が群れているところとか、虫が多いとか、抜いても抜いても生えてくる雑草とかね、そこに流れる、かつて自分たちが遊んだきれいな川とか、そういうものでできあがっている風景なのだとわかったんです。だから自分のなかで、日本という国は未だに嫌いですが、その嫌いな気持ちと、日本の風土や自然の有り様に対する想いというのは、ものすごく対極のところにあったんですよね。もともと

の日本は本当にきれいなところなんだと再認識したんです。

—どのようにして日本の風景を取り入れて舞台を作り上げていったのでしょうか。

宮崎　舞台にするためには、今度は意識的に（風景を）つかまえ直そうと思いました。その当時の職場（現在の日本アニメーション）は多摩にあるのですが、そこに多摩丘陵の農村地帯の残りがあって、仕事の合間にずいぶんと見て歩きました。ニュータウンを作るためにもう更地になっているような尾根筋があったり、不思議な風景があったんです。それから所沢でも、歩き回っていると次々と面白いものを見つけて、そういうときは頭のなかでそこに建っている新しい建物などを消すんです（笑）。そうするとだんだん、「ああ、これは形になるな」と。たとえばサツキとメイが住んでいる家は、神田川沿いのバラばかり作っている友人の家。バラはいらないから、あの雰囲気。川沿いにあって、ちょっと高台になっている、そういう雰囲気。線路の土手を向こうに引いちゃえ。線路はないくせにね。電車も通らない。そういうふうにして舞台を作っていったんです。それから、大きな木がこんもりとそびえているようなところがあちこちにあったから、家の横に大きな木を植えて、クスノキと無理矢理言っちゃったんですけど、あんな大きなクスノキは滅多にない。そういうこともわかっているけど、もう嘘をつける限りついてしまおうと（笑）。

カンタの家は実際にそっくりな家があったんです。それで、映画を作るときにそこに美術の男鹿さん（男鹿和雄）と見に行ったら、周りがすっかり護岸工事されていて、風景が変わっていました。がっかりしたんだけど、男鹿さんは「いや、気分

「杉並にいるときには釣りに行ったり、水辺を歩いたりしていました。神田川の流域にこういう溜池のようなものがあったんです」（宮崎）

はわかります」と言ってくれた（笑）。そんなふうにして、イメージを寄せ集めて、それを再構成していったんです。舞台を作っていくのはここととここだと。

（イメージボードを）最初に描いたのは、たぶん30代の頃。プロデューサーらに企画を出したのですが、全然相手にされないで戻ってきて、そのままスクラップブックを書棚に放り込んでじっとチャンスを待っていました。当時、ぼくは自分でレイアウトという新しい仕事を切り開いていたのですが、このまま生涯レイアウトをやっているのは嫌だと思っていて、どこかで自分のお金でもいいから1本、「これが俺が作りたかったものだ」というものを作りたいと思って、そっと置いておいたのがこの企画だったんです。いい企画かどうかよりも、自分がこれをやってみたいと本当に思った作品が、たまたま『トトロ』だったということが、ぼくにとって大きな幸運でした。だから簡単に使わなかったんです。別の企画に半分織り交ぜちゃうとかはしないで、しまっておいたんです。

映画のディテールを生みだしたのは、所沢の不思議な風景

— 特に所沢の風景が色濃く出ているシーンはありますか？

宮崎　　実際に映画を作るときに、村の道とか、お地蔵様とか、そういうディテールが生まれたのは、やっぱり所沢に住んでいたからです。この道をそのまま使っちゃえって、いつもよく通る道をそのままの目線で描いたから、家内にはすぐ「これはあそこの道ね」とわかります。

　昔は不思議なものがたくさんあったんです。三鷹にあった中島飛行機が、できあがった飛行機を所沢の陸軍の飛行場に牛で運ぶんですよ、ゴロゴロと引っ張って。翼を外してね。所沢街道を通るのですが、昔の道だから細くくねくねと曲がっていて大変。これは不便だからと道路をまっすぐにして、幅を広げて舗装した部分があるのですが、ちょうど線路の手前まで行ったところで戦争が終わっちゃったから、その先は作られていないんです。だから線路を渡れない。それが本当に不思議な道だったの。ケヤキがワーッと両側から生えて、広い舗装道路なのにほとんど何も通らない。それがネコバスがやって来る道になったんです。舗装道路は頭のなかではがしました。今はもうまったく面影がないですが。

— 八国山にはよく行かれていたのですか？

宮崎　　八国山を歩いているとわかると思うんですけど、今は減ってしまいましたが、尾根筋の道にずっと松の木があったんです。その松の木と松の木の間が歩きにくい道で、周りはぼうぼうだし、マムシが出るとか言われているところでした。でも明るくて、不思議な風景でしたよ。今とは全然違います。

　最初に行ったときに保生園（現在の新山手病院）を見て、当時、もう結核患者は少なくなっていたので潰れた病院だと勝手に思っていたのですが、洗濯物みたいなのがチラッと見えたので「あっ、人がいる」と。そのときにまだ長期療養者はいっぱいいたんですね。

　自分の母親も結核をやっていて、入院が長くて。病院のシーンは、そこにお見舞いに行ったときの気分や記憶から、だいたい病室というのはこんなものだろうという想像で描きました。保生園の人たちの間では、（宮崎監督が）ロケハンに来て、写真を撮っていたらしいということになっているみた

ネコバスはいく

ネコバスの通る道は、両側をケヤキで覆われた細くグネグネとした不思議な坂道。

バス停でお父さんを待っていたら、何かよくわからないものが隣に並んだ。見たいけれど見られない、女の子の表情が物語る。

いだけど(笑)。

—八国山が今と全然違うというのは、ちょっと驚きました。

宮崎　そういうものですよ。木はどんどん育つから。

—かみの山はどんな印象でしたか?

宮崎　最初に行ったときは、周りが林に囲まれている、ポコッとした広い畑でした。お茶畑や芋畑とか。本当に不思議な空間で、気持ちが良かったところです。向こうにビルの頭が一つだけ、丸井か何かの看板が見えて、「ああ、これ、所沢の裏なんだ」と思っていました。どこかで開発されるのだろうと思っていましたが、開発されずにずっと残ってきた風景です。武蔵野は台地で、火山灰が積もったところに川が通ると、川が蛇行してえぐれていくんですね。両岸に残る崖を「ハケ」と言うんです。水が湧いて川が流れて田んぼが作られる、そういう地形があちこちにあって、当時は「はげ山」って子どもたちは呼んでいたんですけど、「ハケ山」なんですね。

トトロは愛想を振りまくキャラクターじゃない。何も考えていないような、大きな存在を描きたかった

—トトロという生きもののイメージも所沢の風景のなかで生まれたんですか?

宮崎　あのバス停を見てからです。バス停で傘を持ってお父さんを待っていたけれど、バスがなかなか来ない、というシーン。ぼくも、傘を持って行って駅で親父を待つという経験がありましたが、考えてみたら傘ぐらい買えるのにね(笑)。なんか、親父を待ちたかったんでしょうね。それをバス停に置き換えて、バスを待っていたら向こうから何か訳のわからないものが来たというのを最初に思いついたんですよ。それが隣に並んだ。チロッと見たら、毛が生えていて、すごい爪が生えていた。ドキドキしながらソーッと覗いたら、変なものが立っていた。その変なものって何だろうと、それで困って描いたのがこれです。初めからトトロの絵があったわけではなく、横に来たものなんです。

とても大事なことは、トトロというのは、馬鹿か利口かと言ったら、ものすごく大きな馬鹿だということ。何を考えているのか?　あるいは本当に考えているのか?　何も考えていないんじゃないか?　というね、そういうキャラクターを作らなきゃいけないと思ったんです。すぐ愛想を振りまいたり、目をキョロキョロさせたりする、そういうキャラクターではないって。

—あまり意思を感じさせないような、ホワッとしたものですか?

宮崎　意思という言葉すらふさわしくないんですよ。大愚(たいぐ)というのは——日本人は好きだと、司馬遼太郎さんが書いていましたね。本当にただ賢いというのは、石田三成みたいに尊敬されないって(笑)。西郷さん(西郷隆盛)みたいな、ものすごく頭もいいくせに、いるだけで西郷どんがいるという存在ならばいいけど。

—トトロの最初のタイトルは『所沢にいるとなりのおばけ』でしたっけ?

宮崎　「となりにいるおばけ」という話をパクさん（高畑勲監督）にしたら、パクさんが「面白い」と言ったのを覚えています。

—ふと、隣にやって来たから、「となりにいるおばけ」ですか？

宮崎　隣に来たからではなくて、住んだところの隣の山にいる、ということです。ぼく、雑木林の中をウロウロするようになってから、それはゴミ拾いとかいろいろな理由があったのですが、"誰かがいるような感じ"というのを知ったのです。その森の気配をね。小さな雑木林ですけど、何かあるんですよ。今日は知らん顔してるな、とかね。あらゆるところには気配というのがあるじゃない？

—日によっても違うのですか？

宮崎　来るなと言っているのを感じるときもありますよ。

—本当ですか!?　私はたいてい、ようこそと迎えられているような気になります。

宮崎　それは幸せな人なんです（笑）。
　いつの間にかちゃぶ台に座っていっしょにごはんを食べているとか、決してそういうふうにはならない相手。何を考えているかわからないけれど、何かとても大きなものを持っている大きな存在。でもちょっかいを出してくるとか、客に呼ばれていくという関係性ではない。そういう存在としてのおばけというのはどういう格好をしているのか、見当がつかないままパクさんにその話をしたんです。

—それが、トトロなんですね。

宮崎　そう。それで形を与えなければいけないから、ああでもない、こうでもないって。手がかりは、最初に見えた爪。爪が小さいんじゃしょうがないから、ごっつい爪を生やした。熊になっちゃうな、熊では困るし…。それでこうなった。
　『パンダコパンダ』という、『となりのトトロ』の前に高畑監督と作った作品があるんです。そのときにパンダって何かと言ったら、何もしないほうがいいの。ドーンと立っているだけで、何もしないでニーッと言っているだけ。それで子どもたちがものすごく反応してくれるんですよ。気を引くようなことを一切しないで、「竹やぶがいい」って言っているだけで、子どもたちがワーッと騒ぐのです。
　うちのチビ（息子たち）も、いちいち喜んで親の顔を見ていたからね。「映画は続いているんだから、ちゃんと見ていろ」って言っても（笑）。どうしてかはわからなかったんですけど、「これはとんでもない発見をぼくらはしたのかもしれない」と思いました。
　大愚ですよね。わかりやすい形で何かを表現しているわけではないけど、大きな存在で、でも悪意のあるものではない。そういうものを作らないといけなくなった、という感じでしたね。

—初期に描かれたイメージボードの世界が、やはり本来のイメージに近いですか？　ネコバスのなかに妖怪のような生きものもいますね（3ページ）。

宮崎　それは妖怪というか——得体の知れないものっていっぱいいるだろうと思うんです。それからあんまりものを考えているように顔を描いちゃいけないんですよ。そこはけっこう神経を使っているのですが、だんだんと雑念が押し

寄せてきて、キャラクターグッズを作って、売れば売るほど雑念が…。こっちが意識しないやつにもまとわりついて、いつの間にか違うものになっちゃいますね。

だから今、美術館の短編作品（『めいとこねこバス』）は作りましたけど、『となりのトトロ』の2番目の作品を作るとなったら、本当に難しいと思う。

— トトロがキャラクターとして一人歩きしているような感じですか。

宮崎　愛想を振りまきすぎたんではないですかね。

それに、ぼく自身がもう変わっているから、もっと別なものを作らなきゃいけないときが来ているはず。こういう風景を描くことはできないんじゃないかな。だからまあ、この1作でいいのです。

一番必要なのは、たぶん雑木林を見ていてやるということ

— 最後に、今ある自然を未来に残すために、どのようなことが必要だと思われますか。

宮崎　要するに雑木林を保全したり——小さな雑木林ですけど、とにかく毎日そこを通る。グルッと回って、ゴミが落ちていないか。それからこのケヤキは切らなきゃいけないかとかね、それで揉める。切りたい人間がいっぱいいるんですよ。ぼくは基本的には切らない人間なので「年寄りだから切っていいのか」と言うんですね。そうしたら「俺から切れ」とか訳のわからない話になる。これはね、自然保護というか、景観保護という問題でもものすごく難しいです。要するに国木田

独歩が歩いた頃の雑木林というのは農業林なんですよ。それと同じ形をとることは、もう矛盾しているんです。

— 生活のために使っていた二次林ですものね。

宮崎　そうです。だから、経済林としての維持なんかできっこないんですよ。だけど、このままだとこの雑木の林もボロボロになって、結局どこかでいっせいに倒れるようなことが起こるでしょう。起こったら起こったで、また勝手に何か生えてくるからいいんだと、ぼくなんかは思っているんですけど。結局、手をかけなきゃいけない林になっていることは確かなんです。だけど一番手をかけなければいけないのは、たぶん雑木林を見ていてやるということだと思うんです。ハサミで切ったりなんかすることではなくてね。

— それこそ自然の力で新しいものに変わるのでしょうか。

宮崎　いやいや、それはいろいろなことが起こります。倒れたり、朽ちたりね。朽ちたら朽ちたでキノコが生えて。それはそれである種の豊かさなんですよね。

大クスの木

こんもりした大クスノキ。こんな大きな
クスノキは滅多にないとわかっていても、
舞台のイメージはどんどん膨らんでいった。

低い木々の茂みのなかを覗く女の子。トトロがチラリと見ているような…。

茂みのトンネルのなかでこちらを
振り返る大トトロと中トトロ。何も
考えていないような、そんな表情。

入口.
だれにもみつからないはずの入り

ドゥッと風がふいて、 二匹共消えてしまった

「ドゥッと風がふいて、二匹共消えてしまった」
とある。力強くうねる木々のなか、風に吹き上げ
られて舞う葉っぱが幻想的なシーン。

「神田川流域の溜池では、水の底に魚がキラキラ泳いでいるのが見えて、釣りもしました。子どもの頃にごく普通にあった風景です」(宮崎)

両側が崖で、頭上にも木の葉が生い茂る。
登りきったところに見える家が印象的な、
引っ越しのシーン。

力の切り通しを生けて 庭へ

夕日でピンク色に染まる武蔵野の田
園風景。川が流れ、えぐれてハケが
できる。そこに田んぼができる。

ブンブンで空をとぶ

未来に残したいふるさとの景色〜狭山丘陵〜

江戸時代から、人々の生活に
寄り添う狭山丘陵の自然。
雑木林は、人の手入れがあって
はじめて維持できるのです。

人の手によって守られてきた狭山の自然

　各地で都市化が進む一方で、自治体が豊かな自然を残そうと緑の保全に取り組んでいるのが狭山丘陵。東京と埼玉にまたがり、東西約11km、南北約4kmにわたって広がる丘陵地には、1920〜1930年代にかけて、東京都に水を送るための貯水池として多摩湖、狭山湖が作られました。それにより、丘陵の自然はダメージを受けましたが、水辺周辺を水源保護林として保護してきたため、現在では、自然と人間が関わるなかでで

きた雑木林、湿地、谷戸など、さまざまな自然環境のなかに多くの動植物が生息しています。「首都圏に浮かぶ緑の孤島」と呼ばれ、都市部周辺に残された貴重な自然なのです。

　雑木林は、街の発展や、生活、農業形態の変化により、50年前に比べるとずいぶん減少してしまいましたが、最近では、日本人の生活と自然との関わりが築いてきた歴史的遺産として、その存在が見直されてきています。

トトロの生まれたところMAP

N

狭山丘陵

狭山湖

チカタ

下山口駅

荒幡富士市民の森

荒幡富士

西武狭山線

西武球場前駅

菩提樹田んぼ

西武山口線

西武園ゆうえんち

西武遊園地駅

西武園駅

多摩湖

78

東川

所沢駅

〇沢駅

西武池袋線

西武秩父線

上安松

かみの山

武蔵野線

柳瀬川

柳瀬川

秋津駅

新秋津駅

鳩峯公園

〇 水天宮

松が丘

将軍塚 〇

前川

西武新宿線

□山緑地

✚ 新山手病院

✚ 白十字病院

北川

西武園線

絵 宮崎朱美

トトロの生まれたところ

2018年5月29日　第1刷発行
2024年8月16日　第8刷発行

監修者　宮崎 駿

編者　スタジオジブリ

発行者　坂本政謙

発行所　株式会社　岩波書店
　　　　〒101-8002 東京都千代田区一ツ橋 2-5-5
　　　　電話案内　03-5210-4000
　　　　https://www.iwanami.co.jp/

編集　株式会社スタジオジブリ　出版部
　　　〒184-0002 東京都小金井市梶野町1-4-25
　　　電話　03-6712-7290（編集部直通）
　　　編集担当　永塚 晶子

印刷・製本　TOPPANクロレ株式会社
ISBN978-4-00-061273-9

宮崎 駿

1941年生まれ。アニメーション映画監督。学習院大学政治経済学部卒。1963年、東映動画（現・東映アニメーション）に入社し、その後ズイヨー映像、日本アニメーションなどを経て、1979年『ルパン三世 カリオストロの城』を初監督。1984年に『風の谷のナウシカ』の原作・脚本・監督を担当。
1985年にスタジオジブリの設立に参加。主な作品に『となりのトトロ』、『もののけ姫』、『千と千尋の神隠し』『君たちはどう生きるか』など。著書に『折り返し点』、『トトロの住む家 増補改訂版』（ともに岩波書店）、『本へのとびら──岩波少年文庫を語る』（岩波新書）など。

宮崎 朱美

「所沢に住んで50年近くになります。もし私たちがこの土地に住まなかったら、トトロと友だちになることも、映画『となりのトトロ』もなかったでしょう。所沢に住んだからこそ、雑木林や草花を知ることができ、身近に畑を見ることができました。そしてこうして描くことの楽しさも教わった気がします。この環境がずっと続いていくことを願っています。」